图书在版编目（CIP）数据

贝乐虎儿童自救急救书.鼻咽大危机 / 徐惜麦著；张敬敬绘. —— 北京：电子工业出版社，2020.8

ISBN 978-7-121-39236-8

Ⅰ.①贝… Ⅱ.①徐… ②张… Ⅲ.①安全教育 – 儿童读物 Ⅳ.①X956-49

中国版本图书馆CIP数据核字(2020)第129622号

责任编辑：季　萌

印　　刷：北京缤索印刷有限公司

装　　订：北京缤索印刷有限公司

出版发行：电子工业出版社

　　　　　北京市海淀区万寿路173信箱　邮编：100036

开　　本：889×1194　1/24　印张：12　　字数：199.98千字

版　　次：2020年8月第1版

印　　次：2022年7月第2次印刷

定　　价：138.00元（全6册）

凡所购买电子工业出版社图书有缺损问题，请向购买书店调换。若书店售缺，请与本社发行部联系，联系及邮购电话：（010）88254888，88258888。

质量投诉请发邮件至zlts@phei.com.cn，盗版侵权举报请发邮件至dbqq@phei.com.cn。

本书咨询联系方式：（010）88254161转1860，jimeng@phei.com.cn。

贝乐虎 SOS 儿童自救急救书

鼻咽大危机

鼻子流血 + 卡鱼刺 + 咽部异物

徐惜麦 著 张敬敬 绘

电子工业出版社
Publishing House of Electronics Industry
北京·BEIJING

闪亮登场

贝乐虎院长

米妮

大海

小猛犸

聪聪

抒抒

石头

诞妹

朱迪

美子

啾啾

唐唐

北北

葫芦

下课铃声刚落，石头就一个箭步蹿出
教室，跑向 VR 活动室。"终于轮到我了！"

石头学着电影里的样子，迅速穿上皮肤衣，戴上 VR 眼镜。

哇！整洁明亮的急诊室映入眼帘，面前还站着一个乖巧的小女孩。

　　"啊？怎么还有搭档啊？！"眼看着独享急诊室的希望破灭，石头有点儿失望。

　　"你好，我是诞妹。"

　　"我是石头。竟然有跟我一样为了游戏不吃午饭的女生。"

资料

纱布

剪刀

石医生

听诊器

诞医生

品柜

"石医生、诞医生，你们好！欢迎来到贝乐虎急诊室，你们会在接诊过程中学习和掌握医疗设备的使用方法。你们的任务是尽力救治每一位患者，并让患者满意。鉴于诞医生在上一期游戏中的优异表现，你们俩夺取'贝乐虎杯最受欢迎医生大赛'奖杯的希望很大哦，加油！"

检查床

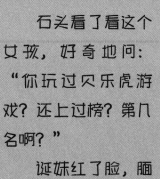

石头看了看这个女孩，好奇地问："你玩过贝乐虎游戏？还上过榜？第几名啊？"

诞妹红了脸，腼腆地说："第一名。"

这可吓到石头了，他睁大眼睛看着诞妹，怎么也没想到游戏排名第一的玩家竟然是个这么害羞的小姑娘！

这时，电脑里传来"滴！"的声响。
"1号患者就诊，2号患者请准备。"

1号患者的样子把两个人都吓了一跳。

　　"你……你怎么啦？"诞妹用颤抖的声音问。

　　石头拍着胸口嘀咕着："流鼻血好办！把头仰起来，一会儿就不流了！"说着，他让小女孩坐在椅子上，扮起了她的头。

诞妹帮女孩擦干净脸上的血迹，突然发现了提示。

诞妹急忙帮女孩把头扶正，又不知该做什么，只好问："你是怎么流血的？"

"我……我就坐在教室里，觉得鼻子里痒，揉了揉就开始流血了。"

"出血也就几分钟时间，应该不会失血过多……"诞妹思考着，这时，第二条提示又出现了。

治疗突发性鼻出血切记**不要仰头**，
以免血液流入气管造成窒息，
请先判断鼻出血的原因。

17

据患者描述病症，排除头部受伤，
应为鼻黏膜干燥导致的出血。

**让患者低头，张口呼吸，
用拇指和食指捏住双侧鼻翼，**
向后上方压迫数分钟。

"哎！你怎么不仰头了？！"石头使劲儿大喊。

诞妹忙冲石头比了个"嘘"的手势，指了指浮在空中的提示。

看完提示，石头心里懊恼不已。不一会儿，在诞妹的护理下，

1号患者真的止住了鼻血。

"哎，刚止血不要再揉鼻子了。"诞妹按下小女孩想揉鼻子的手，说，"平时多喝水、多吃水果，就不会流鼻血了。"

"真的吗？谢谢医生！"小女孩蹦蹦跳跳地跑出了诊室。

"奇怪，我平时流鼻血都是仰头啊。谁知道仰头是错的……"石头正委屈地嘀咕着，电脑里又一次传来提示音。

石头仔细看着电脑屏幕上的字，说："所有的减分都是因为我，如果没有我，那她岂不是能拿到100%满意度？"

看完1号患者的评分，石头的脸皱成了一团，他有点儿懊悔。

诞妹却沉浸在第一次治好患者的兴奋中，高兴地说："就差一点点！下回咱们先找提示再诊断，肯定没问题！"

石头尴尬地应和着，他还是想不明白，这个看起来弱弱的诞妹为什么总能得高分。

"2号患者请就诊，3号患者请准备！"电脑提示音再次打断了两人的思绪，只见一位奶奶带着一个小男孩走了进来。

“奶奶，他怎么啦？”石头见小男孩表情十分痛苦。

“鱼刺卡到嗓子里去了！我们在家弄不出来，拜托你们给他看看！”

突然，石头发现一个东西在发亮，他刚要喊，又怕吓到患者，压低声音说：“手电筒！”

2号患者

鱼刺卡喉处理方法：

照亮咽部，将舌头压低，如果看见鱼刺，用长镊子夹出。切记**不得采取吞咽大块馒头、喝醋等一切将鱼刺推向下方的方法，**

否则容易刺破消化道，引发大血管出血，造成组织感染、甚至危及生命。

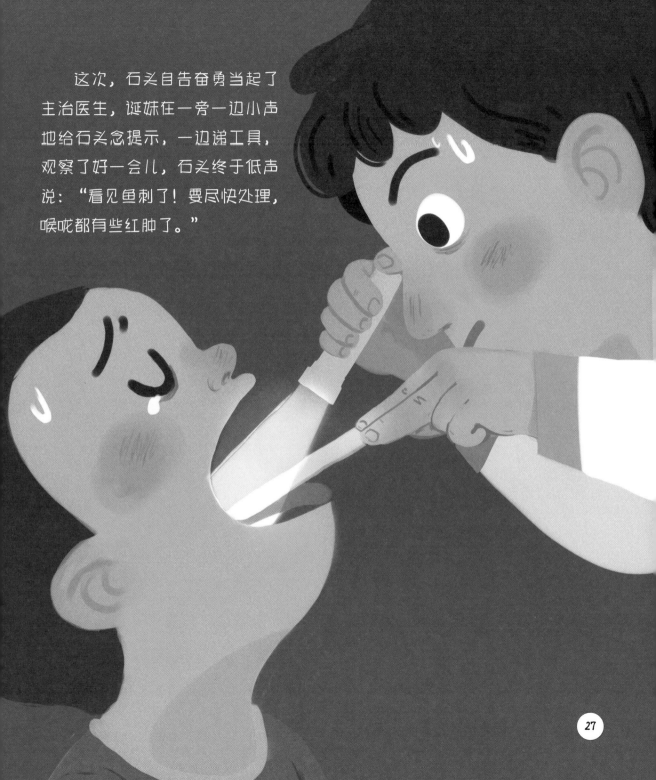

这次，石头自告奋勇当起了主治医生，诞妹在一旁一边小声地给石头念提示，一边递工具，观察了好一会儿，石头终于低声说："看见鱼刺了！要尽快处理，喉咙都有些红肿了。"

"这鱼刺确实不好弄！我们让他喝了好多醋，又咽了半个馒头，还是不行，才来医院的。"奶奶着急地在一旁解释着。

"奶奶，这些都是错误的处理措施！"诞妹说，"鱼刺已经卡住了，用往下推的方法只会让喉咙再次受到伤害，严重了还会造成感染，危及生命呢！"

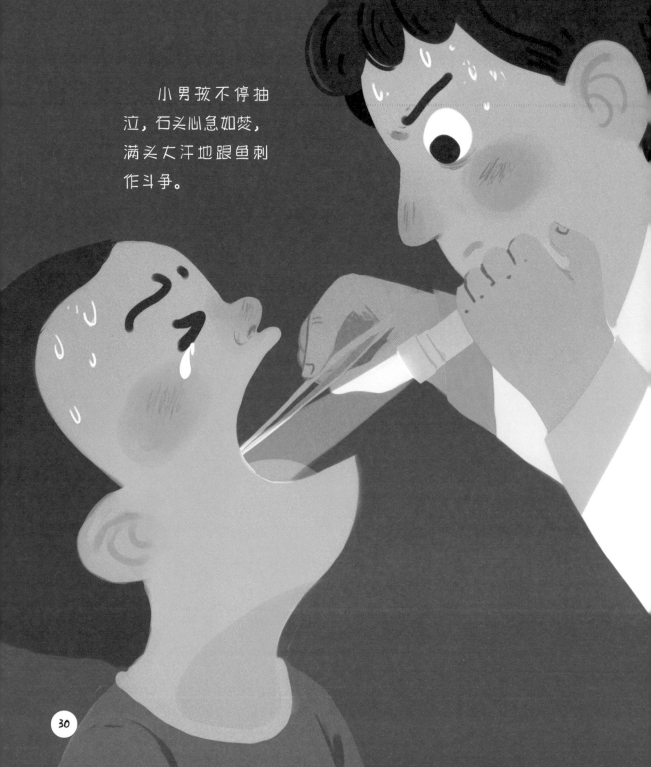

小男孩不停抽泣，石头心急如焚，满头大汗地跟鱼刺作斗争。

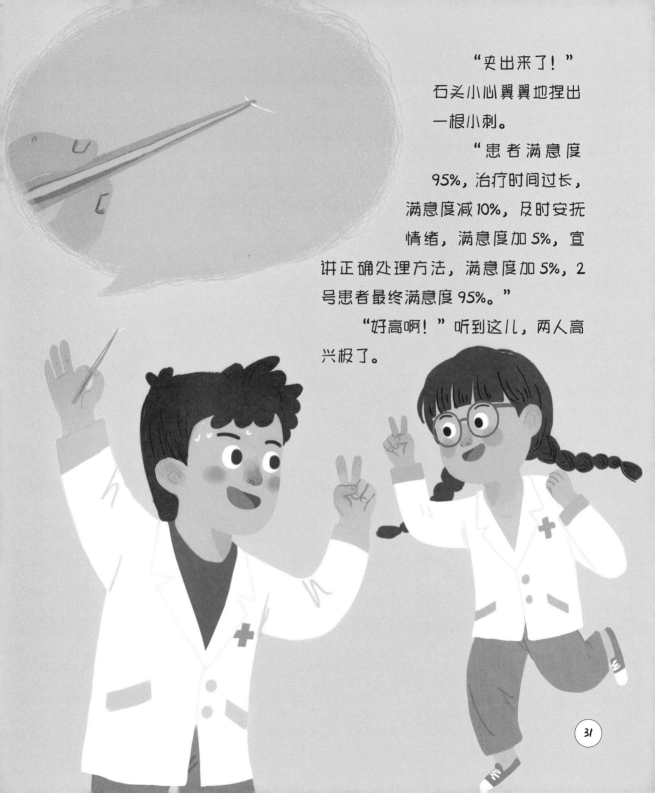

"夹出来了！"
石头小心翼翼地捏出一根小刺。

"患者满意度95%，治疗时间过长，满意度减10%，及时安抚情绪，满意度加5%，宣讲正确处理方法，满意度加5%，2号患者最终满意度95%。"

"好高啊！"听到这儿，两人高兴极了。

"大夫！快救救我的孩子！"3号患者的就诊提示音还没响起来，
一位阿姨就冲了进来，怀里抱着一个脸红得发紫的小男孩。

"他刚刚把一块橡皮吞下去了！"

"啊？！"石头和诞妹听了，齐刷刷地叫了出来。

小男孩时不时地咳嗽一下，看上去有点儿喘不过气来。

呼吸困难

面色青紫或苍白，应为气道不完全性阻塞。鼓励患者用力咳嗽。

使患者弯腰，用手拍击背部， 如异物被冲击到口腔，迅速将其取出。

　　"快！弯腰！使劲儿咳嗽！"诞妹按照提示，搂过小男孩，一下一下地拍着他的后背。

　　小男孩咳得脸越来越红，但还是没什么变化。

　　"你的力气太轻了！"石头焦急地说。

　　"可是太重他会疼的！"诞妹说道。

气道阻塞严重时的急救方法——海姆立克急救法

2. 双臂环抱患者腰腹，一手握拳，拳眼置于患者脐上2cm处。

1. 如阻塞严重，站在患者身后，一腿插入患者两腿之间。

3. 另一手固定拳头。

4. 快速并用力向患者上腹部的后上方冲击。直至异物排出。

"你看！还得用狠方法！"石头快速地看完提示，从后边抱住小男孩的腰就要往上提。

"等一下！"诞妹见石头的拳头位置不对，大声喊停了石头，她按提示，快速地把石头和患者的姿势都调整了一遍。

"咳咳咳!"
石头刚一用力,橡皮就从小男孩的嘴里吐了出来。

"耶！"石头放下患者，和诞妹默契地击了个掌。

诞妹递给小男孩一杯温水，这时，贝乐虎院长出现了。

"恭喜你们！完成了'贝乐虎急诊室'异物入体环节的游戏。诞医生胆大心细，处处为患者着想，满意度达到 98%。石医生果断勇敢，但细心程度和体贴方面略有欠缺，患者满意度 85%。石头，拿到这个成绩，要感谢诞医生对你的帮助哦。"

回想每一次的表现，石头终于明白了诞妹为什么能取得第一的成绩了。

"你是我遇到的最棒的游戏搭档。"石头憋了好久，终于向诞妹发出了邀请，"下次，咱们还能一起玩吗？"

这时，石头的肚子突然发出了"咕噜"的叫声，弄得石头脸都红了。

"好呀！不过，下次咱们都吃过饭再上线吧！"诞妹开心地答应了。